clv

WILLEM J. OUWENEEL

MYTHOS WISSENSCHAFT

EIN BLICK HINTER DIE KULISSEN

clv

Christliche
Literatur-Verbreitung e.V.
Postfach 11 01 35 · 33661 Bielefeld

Über den Autor:

Prof. Dr. Dr. Willem J. Ouweneel (geb. 1944): Studium der Biologie an der Universität Utrecht, 1970: Promotion in Entwicklungsbiologie und Vererbungslehre. Bis 1976 im Dienst der Königlich Niederländischen Akademie der Wissenschaften auf dem Gebiet entwicklungsbiologischer Forschung.

1984 – Promotion mit einer Arbeit zur philosophischen Anthropologie an der Freien Universität Amsterdam, als Buch mit dem Titel De leer van de mens erschienen. Seit 1990 Professur für Wissenschaftslehre an einer christlichen Universität in Südafrika. Gleichzeitig Dozent für Philosophie und Psychologie an der Evangelischen Hochschule Amersfoort.

Bekannt geworden ist er auch durch Vorträge in zahlreichen Ländern zu Themen der Biologie, Psychologie, Philosophie, zum Okkultismus, zur Kulturphilosophie, Apologetik und vor allen Dingen zu Themen der Bibel.

by Christliche Literatur-Verbreitung e.V.
Postfach 11 01 35 · D-33661 Bielefeld

Satz: CLV
Umschlag: Dieter Otten, Bergneustadt
Druck: Druckhaus Gummersbach

ISBN: 3-89397-739-2

INHALTSVERZEICHNIS

VORWORT

Dr. W. J. Ouweneel hielt 1993 in Bielefeld einige Vorträge zu dem Thema: Die Glaubwürdigkeit der Bibel – Leben nach der Bibel – heute noch? Dieses Taschenbuch enthält einen dieser Vorträge in leicht überarbeiteter Form.

Das Thema ist heute aktueller denn je. Selbst in Gesprächen mit Christen kann man sich oft nicht mehr auf der Grundlage der Bibel auseinandersetzen. Die Argumente sind fast immer gleich: Das galt für eine andere Zeit, aber heute? Sind wir heute wirklich aufgeklärter und somit wissender als die Schreiber der Bibel damals? Die heutige Wissenschaft will vieles von dem, was die Bibel lehrt, widerlegt haben. Denken wir nur an die Evolutionstheorie, die die biblische Schöpfung angeblich ad absurdum geführt hat. Weil viele Christen diesen wissenschaftlichen Auffassungen gefolgt sind, haben sie versucht, Gott durch die sogenannte theistische Evolutionstheorie in den Evolutionsprozeß einzubinden. Haben wir wirklich solche Krücken nötig? Die Bibel war seit jeher »denen, die verlorengehen, Torheit« (1. Kor. 1,18). Paulus schreibt weiter: »Denn es steht geschrieben: Ich will die Weisheit der Weisen vernichten, und den Verstand der Verständigen will ich verwerfen. Wo ist ein Weiser? … Hat nicht Gott die Weisheit der Welt zur Torheit gemacht?« (1. Kor. 1,19.20).

Dieses Buch erhebt nicht den Anspruch, sich mit der Wissenschaft ausführlich auseinandersetzen zu wollen. Der Autor möchte vielmehr Erfahrungswerte vermitteln und Alternativen aufzeigen, die zu einem kritischen Umgang mit der Wissenschaft führen.

Der Verlag

EINFÜHRUNG

Ich bezeuge ernstlich vor Gott und Christus Jesus, der Lebende und Tote richten wird, und bei seiner Erscheinung und seinem Reich: Predige das Wort, stehe bereit zu gelegener und ungelegener Zeit; überführe, strafe, ermahne mit aller Langmut und Lehre. Denn es wird eine Zeit sein, da sie die gesunde Lehre nicht ertragen, sondern nach ihren eigenen Lüsten sich selbst Lehrer aufhäufen werden, weil es ihnen in den Ohren kitzelt; und sie werden die Ohren von der Wahrheit abkehren und sich zu den Fabeln hinwenden. Du aber sei nüchtern in allem, ertrage Leid, tue das Werk eines Evangelisten, vollbringe deinen Dienst! Denn ich werde schon als Trankopfer gesprengt, und die Zeit meines Abscheidens steht bevor. Ich habe den guten Kampf gekämpft, ich habe den Lauf vollendet, ich habe den Glauben bewahrt; fortan liegt mir bereit der Siegeskranz der Gerechtigkeit, den der Herr, der gerechte Richter, mir zur Vergeltung geben wird an jenem Tag: nicht allein aber mir, sondern auch allen, die seine Erscheinung lieben.

2. Tim. 4,1-8

Dieser Abschnitt ist einer aus dem geistlichen Testament des großen Apostel Paulus. Es ist der letzte Brief, soweit wir wissen, den er in seinem Leben geschrieben hat, kurz vor der Zeit, da er von der römischen Obrigkeit hingerichtet wurde. Als ein geistliches Testament ist es geschrieben an sein geistliches Kind Timotheus. Und in diesen letzten Worten schreibt er über das, was wir oft die Endzeit nennen. Er spricht in Kap. 3 über die letzten Tage. Und dann in Kap. 4,3 spricht er über eine Zeit, »da sie die gesunde Lehre nicht ertragen«.

Und da kommt im 4. Vers ein ganz interessantes Wort zur Sprache: »Sie werden die Ohren von der Wahrheit abkehren und zu den Fabeln sich wenden.« Das Wort Fabel ist eigentlich nicht ganz glücklich, normalerweise bedeutet das in der Literaturwissenschaft eine Erzählung, in welcher Tiere oder Pflanzen aufgeführt werden, als ob es Menschen seien, also sprechend und handelnd wie Menschen. Aber das Wort, das hier im Griechischen steht, kennen Sie alle, es ist das Wort »Mythos«. Nun, das finde ich ungemein interessant, daß Paulus hier sagt, daß in der Endzeit die Menschen die Ohren von der Wahrheit abwenden werden und sich mit den Mythen beschäftigen werden.

Warum ist das so interessant? Weil wir in einer Zeit leben, einer sogenannten modernen hochzivilisierten Zeit, in welcher viele Menschen glauben, daß sie endlich die Mythen überwunden haben. Das behauptet man in der Theologie, wo wir in diesem Jahrhundert gerade in der deutschen Theologie eine ganze Strömung gekannt haben, die für eine Entmythologisierung in der Bibel kämpfte. Die Bibel sei voller Mythen und die sollten aus der Schrift, ganz besonders aus dem Neuen Testament, entfernt werden, um dann die wahre Botschaft des Neuen Testaments aufzudecken. Und so hat auch die moderne Wissenschaft im allgemeinen diesen Ansspruch, sie mutet sich zu, viele Mythen im alltäglichen Denken des Menschen entfernt zu haben.

Es ist eine Zeit, in welcher die Wissenschaft mehr verherrlicht wird als je zuvor. Es ist eine Zeit, in welcher wir von Wissenschaftlern umgeben sind und unser ganzes Leben davon bestimmt wird. Man kann nicht einmal mehr in Ruhe geboren werden, da steht schon ein Wissenschaftler und schaut zu. Und wenn man stirbt, steht oft eine ganze Menge an Wissenschaftlern um dich herum. Und wenn du dich um eine wichtige Stellung bewirbst, so fällst du in die Hände von Psychologen, die erst einmal feststellen müssen, ob du dafür geeignet bist. Und unsere Politiker sind auch an Händen und Füßen gebunden von den Ökonomen, die feststellen müssen, ob das alles so richtig zu machen sei. Überall sind es die Wissenschaftler, die alles bestimmen was wir tun und machen.

Die Wissenschaft ist der Götze unserer Zeit, ich hoffe, daß ich das so sagen darf. Wenn ein Nichtwissenschaftler etwas sagt, dann wird das nicht ernst genommen, das ist wohl Neid, Eifersucht usw. Ich habe mich in meinem Leben eingehend mit vier Wissenschaften beschäftigen dürfen. Eingehend ist etwas übertrieben, es ist schon schwierig, sich mit einer Wissenschaft eingehend zu beschäftigen. Das hängt mit dem Spezialismus unserer Tage zusammen. Ein Spezialist ist jemand, der fast alles weiß von fast nichts. Wenn ich einen Wunsch hätte, dann wäre es, fast nichts zu wissen von fast allem, aber das klingt auch schon überheblich.

Spezialismus ist eine gewaltige Gefahr; man hat den Überblick nicht mehr und traut sich selbst zu, alles zu wissen. Aber gut, so groß ist nun mal die Wissenschaft, so ausgedehnt. Viele Wissenschaften haben in meinem Leben eine große Rolle gespielt und wenn ich dann sagen darf, daß wir die Wissenschaft viel zu sehr überschätzen, übermäßig verherrlichen, sie als Götze verehren, dann hoffe ich, daß Sie mir das abnehmen können.

Zuerst möchte ich etwas sagen als Leitfaden in Verbindung mit diesem Vers: Daß viele sich in der Endzeit von der Wahrheit abwenden und sich zu den Mythen hinwenden. In Verbindung zu dieser Aussage, möchte ich etwas sagen über diese vier Wissenschaften, die in meinem Leben eine große Rolle gespielt haben.

WISSENSCHAFTSLEHRE

Zuerst bin ich Professor der Wissenschaftslehre, und Wissenschaftslehre ist ein Teil der Philosophie. Nach meiner Definition ist Philosophie nichts anderes als das Grundstudium über die Grundstrukturen, die Gott in der Schöpfung festgelegt hat. Die Grundstrukturen der Schöpfung herauszufinden ist die Aufgabe der Philosophie, es ist die Grundwissenschaft für alle anderen Wissenschaften.

Manche Christen sind gegen die Philosophie und senden trotzdem ihre Kinder auf Universitäten. Das ist wohl ein Höhepunkt der Unkenntnis, denn jede Wissenschaft stützt sich auf die Philosophie, da müßte man ganz konsequent sein und seine Kinder auch nicht zum Gymnasium und zur Universität senden. Nun gut, das nur am Rande erwähnt.

Die ganze Wissenschaftslehre ist also der Teil der Philosophie, der sich mit der Frage beschäftigt, was ist das eigentlich: Wissenschaft. Was ist nun eigentlich die Aufgabe der Wissenschaft, die Möglichkeiten, die Grenzen der Wissenschaft, die Methoden der Wissenschaft. Nun, was ich darüber sagen möchte, aus diesem ganzen Bereich heraus diesen einen Punkt: Sehr lange Zeit haben wir geglaubt, ich sage wir, denn das war ein Mythos der ganzen westlichen Zivilisation, daß Wissenschaft eine neutrale und unvoreingenommene, objektive Angelegenheit sei. Ich bin überzeugt, daß es auch heute noch manchen gibt, der es noch immer glaubt.

Aber die Wissenschaftstheoretiker, die Wissenschaftsphilosophen glauben das schon längst nicht mehr. Sie haben es im vorigen Jahrhundert geglaubt, in der ersten Hälfte des 20. Jahrhunderts. Nach dem 2. Weltkrieg ist dieser Glaube schnell verschwunden. Und die allgemeine Ansicht, die ich als Christ völlig teilen kann, ist, daß dieser Gedanke der neutralen, objektiven, unvoreingenommenen Wissenschaft ein Mythos ist. Die Sachverständigen glauben schon längst nicht mehr daran, nur die Fachwissenschaftler, die sich eben nicht mit der Philosophie beschäftigen und das große Publikum, die glauben noch daran. Es ist ein Mythos, und Philosophen der verschiedensten Schulen haben das nachgewiesen, und dies völlig zurecht.

Was haben sie nachgewiesen? Daß Wissenschaft immer notwendigerweise von Voraussetzungen ausgeht, nicht nur jede Fachwissenschaft, sondern auch die Wissenschaft im allgemeinen, auch das philosophische Denken. Voraussetzungen, die selbst letztendlich nicht mehr wissenschaftlich sind, die man Glaubensvoraussetzungen nennen könnte, sogar nichtrationale Voraussetzungen. Ich möchte nicht in Einzelheiten gehen. Ich kann diese Dinge nur streifen. In vielen Veröffentlichungen habe ich darüber geschrieben[1], keiner kann mir also vorwerfen, daß ich nur oberflächlich diese Sachen loswerden möchte. Aber es geht hierum, was diese Glaubensvoraussetzungen sind, und das teilen viele Philosophen nicht. Da kommt jetzt eine christliche Ansicht zum Vorschein, viele glauben eben nicht,

---

1 Psychologie (CVD/CLV)
Herz und Seele (CVD/CLV) u. a.

was ich wohl glaube. Dieses, daß diese Voraussetzungen letztlich religiöser Art sind.

Jeder Mensch ist ein religiöses Wesen. Das heißt nicht, daß jeder Mensch zur Kirche geht oder jeder Mensch einer gewissen Religion anhängt, das bedeutet nicht, daß er religiöse Handlungen vollzieht oder irgend etwas sonst. Es bedeutet dieses: Jeder Mensch, der eine mehr bewußt als der andere, ist in seinem tiefsten Inneren ruhelos auf der Suche nach etwas, das ihm Festigkeit, Sicherheit, Gewißheit in seinem Leben gibt, das ihm einen festen Grund bietet. Einen Grund, auf welchem er eine Weltanschauung bauen kann, wodurch die Dinge in seinem Leben dann irgendwie einen gewissen Sinn bekommen, wodurch das Leben letztendlich Sinn bekommt. Diese Sinngebung ist, wie gesagt, bei dem einen viel bewußter als bei dem anderen, aber irgendwie haben wir immer eigene Antworten auf die großen Lebensfragen. Und diese Suche nach dem Boden, nach dem Grund unserer Existenz nenne ich Religion. Der Mensch ist religiös, weil er außer sich selbst oder vielleicht sogar in sich selbst, aber irgendwie, irgendwo auf der Suche ist nach den Grundlagen seines Lebens oder nach den Grundlagen dieser Welt. Das nenne ich grundsätzlich religiös, der Mensch sucht nach Festigkeit.

Ob er nun ein Atheist ist, das macht nichts aus, Atheismus ist auch eine Religion. Akzeptieren Sie einmal für eine Stunde meine Definition, auch der Atheist geht nicht nur von dieser negativen Lebenshaltung aus, nämlich daß es keinen Gott gäbe, sondern ergänzt das mit einigen positiven Auffassungen. Der Materialist findet seine letzte Sicherheit darin, daß alles Materie ist und so könnte ich vieles aufzählen. Nun behaupte ich noch etwas, und alles, was ich von nun an behaupte, geht zurück auf meine Glaubensauffassung, denn was ich von anderen sage, das gilt auch für mich. Nämlich, daß mein ganzes Denken sowohl als Wissenschaftler wie auch als ganz normaler durchschnittlicher Mensch, auf Glaubensauffassungen zurückgeht. Also machen Sie mir nicht diesen Vorwurf, ich weiß das schon längst von mir, ich weiß das auch in bezug auf alle anderen Menschen, es ist ein allgemein menschlicher Zug.

Und so gehört es zu meinen tiefsten Glaubensüberzeugungen, daß es in dieser Religion letztendlich nur zwei Richtungen gibt. Es gibt unzählige Richtungen, aber nur zwei, auf welche alle zurückzuführen sind. Die eine Richtung ist, daß der wahre feste Grund unsere Existenz ist, der wahre Grund des ganzen Lebens, der ganzen Welt, daß wir diesen Grund finden in Ihm, der der Schöpfer dieser Welt ist und sich dem Menschen geoffenbart hat, dem wahren Gott der Schriften. Das könnte ich die bibeltreue Richtung nennen, die Richtung die grundsätzlich ausgeht von der Glaubwürdigkeit der Schrift, als der Offenbarung Gottes an den Menschen.

Demgegenüber gibt es zahllose andere Richtungen, aber all diese anderen Richtungen haben einen gemeinsamen Nenner, und der ist zu bezeichnen als »abtrünniger Nenner«. Grundsätzlich lehnen sie den Gott der Bibel ab, ob sie nun Atheisten sind oder Marxisten, Liberale oder Sozialisten, Konservative oder ich weiß nicht was. Wenn sie grundsätzlich den Gott der Schriften ablehnen, dann sind sie nach meiner Glaubensauffassung abtrünnig, und das ist die Auffassung der Schrift. Sie sind von diesem Gott abgefallen, stehen

Ihm feindlich gegenüber. Die Bibel sagt uns, daß es nur zwei Arten von Menschen gibt, solche die Gott wohlgesonnen sind und mit Ihm in Gemeinschaft, in Verbindung stehen und solche, die Ihm feindlich sind. Auch die sogenannten neutralen Menschen stehen Gott grundsätzlich feindlich gegenüber, denn es gibt keine Neutralität Gott gegenüber.

So wie es keine neutrale Wissenschaft gibt, gibt es keine neutralen Menschen. Also da sehen sie, das ist die Botschaft, die ich in meinem philosophischen Fachgebiet versuche zu übermitteln. Wissenschaft ist keine neutrale Sache, Wissenschaft geht zutiefst von Grundauffassungen über die Wirklichkeit aus, über die Wirklichkeit in der wir leben. Und diese Grundauffassungen gehen letztendlich zurück auf zwei Grundorientierungen im Leben des Menschen. Entweder ist man dem Gott der Bibel zugewandt oder man steht dem Gott der Bibel abgeneigt, feindlich heißt das, gegenüber. Dazwischen gibt es nichts, bilden Sie sich bloß nichts ein, dazwischen gibt es nichts. Es gibt nur zwei Grundrichtungen. Sehen Sie, ich habe es hier mit Grundorientierungen im menschlichen Leben zu tun, nicht mit Theorien, nicht mit Auffassungen, die man auch formulieren kann. Grundorientierungen, das geht viel weiter, das geht dem Rationalen sogar voran. Das geht in das Existentielle des menschlichen Lebens hinein, das geht sehr, sehr tief. Nun, wenn ich das so sage, und ich habe das nur sehr oberflächlich gestreift, dann rede ich nicht nur von dem menschlichen Verstand, ich rede über das, was dem Verstand vorangeht.

Die Bibel hat dafür einen Ausdruck, und dieser Ausdruck ist das menschliche Herz. Sie dürfen das von mir aus auch den menschlichen Geist nennen oder die Seele, das macht alles nichts aus, es handelt sich ja nicht um Wörter. Aber die Bibel spricht von dem menschlichen Herz und sagt von dem Herzen z. B. in Sprüche 4, 23, daß man das Herz behüten soll, da sollte man sparsam mit umgehen, denn aus dem Herzen sind die Ursprünge, die Ausgänge des Lebens. Alles was ein Mensch tut, was er sagt, was er denkt, was er erlebt, was er empfindet, das geht letztendlich aus dem hervor, was die Bibel das Herz des Menschen nennt. Sie dürfen es auch anders nennen, das macht mir nichts aus. Aber das ist, wo der Mensch am »menschten« ist, ein neues deutsches Wort. Wo das Eigentliche, Innerste des Menschen ist, wenn ich über die tiefste Grundorientierung des Menschen rede, dann hat das mit seinem Herzen zu tun. Wie steht es um sein Herz? Verstehen Sie, daß dieser Auffassung ein gewisses Menschenbild zugrunde liegt.

Ich gehe hier von einem gewissen Menschenbild aus. Das ist das interessante in der Wissenschaft, alle Wissenschaften hängen miteinander zusammen, deshalb ist Spezialismus unvermeidbar, aber zur gleichen Zeit höchst gefährlich. Man überschaut immer weniger, man verliert die Fäden und letztendlich weiß man nicht mehr, was man macht, man hat die großen Linien verloren. Denn wenn es um das Menschenbild geht, dann gehe ich sofort zu der zweiten Wissenschaft hinüber, die in meinem Leben eine große Rolle gespielt hat.

BIOLOGIE

Die erste Wissenschaft, die ich studiert habe, war die Biologie. Ich war zehn Jahre in der biologischen Forschung tätig, und zwar in dem Bereich der Entwicklungsbiologie und Genetik, der Vererbungslehre, wo ich auch immer wieder auf die Evolutionslehre stieß.

Obwohl ich in einer christlichen Familie herangewachsen war, kam ich als Student zu der Überzeugung, aufgrund dessen, was ich an der Universität lernte, daß ein vernünftiger Wissenschaftler ohne weiteres die Evolutionslehre zu akzeptieren hatte. Ich habe das dann auch etwas mürrisch getan, irgendwie hatte ich nicht so ein gutes Gefühl dabei, aber wie es vielen jungen Leuten geht, das ist nun einmal das, was die Wissenschaft lehrt, wenn man zu der Universität geht. Da hat man das Gefühl, man tritt in die »heiligen Hallen« hinein, wo die Professoren wie Priester und Oberpriester sind. Man lebt in einer Kultur, wo die Wissenschaft so hoch verherrlicht und verehrt wird, hier ist das höchste Wissen. Jetzt schau ich von der anderen Seite und weiß, wie es wirklich ist.

Da bekam ich ein Buch eines Professors aus India in die Hände, das war einfach das erste Buch, das Gott benutzt hat, um meine Augen zu öffnen, eben dafür, daß die Wissenschaft nicht das letzte Wort hat. Und was ich in der Philosophie entdeckte, den Mythos der neutralen Wissenschaft, entdeckte ich ebenfalls in der Biologie, daß ich nämlich schon wieder von einem Mythos verführt worden war, von dem Mythos der modernen Evolutionslehre. Und denken Sie daran, ich habe mich eingehend über viele, viele Jahre als Biologe mit der Evolutionslehre beschäftigt und ich weiß, daß auch die meisten Biologen nur das wenige von der Evolution wissen, was sie in ihrem Studium gelernt haben, und daß es nur sehr wenige Spezialisten gibt. Und ich weiß nach so vielen Jahren des Studiums, daß die beiden Grundpfeiler der Evolutionslehre mythischen Ursprungs sind.

Der eine Grundpfeiler ist die Vererbungslehre, die wunderbare Dinge ans Licht gebracht hat über das, was wir Mikroevolution nennen. Mikroevolution ist nichts anderes als Variation. Und 90 % der sogenannten Beweise für die Evolutionslehre beziehen sich auf diese Mikroevolution, oder Variation, womit überhaupt kein vernünftiger Mensch Schwierigkeiten hat. Daß Lebewesen variieren können, Pflanzen, Menschen, Tiere, das ist ja klar, das wissen wir alle, es gibt Rassen, es gibt Varietäten. Wir wissen sogar, daß unter gewissen Umständen Arten sich sogar spalten können und sich dann zu neuen Arten entwickeln können, das ist überhaupt kein Problem. Das Problem ist nicht, wie aus einem Hund viele Hunderassen entstehen können, das Problem ist, zu erklären wie Hunde und Katzen aus einem gemeinsamen Vorfahren hervorgekommen sind. Und um das zu erklären, fehlen uns nach 150 Jahren Evolutionsforschung noch immer die Mechanismen.

Es gibt Spekulationen genug, und ich muß sagen, heute ist es leichter, darüber zu reden, als sagen wir vor 20 Jahren. Nach 1980 ist der Neo-Darwinismus in große Verwirrung geraten, durch innere Spannungen, was ich jetzt nicht darlegen kann, das würde auch wieder zu weit führen. Ich bleibe an der Oberfläche, aber es waren gewaltige Spannungen, wo immer mehr Menschen zu der Überzeugung kamen: Es gibt viele Spekulationen, aber wir haben nichts in den Händen. So wie wir ganz genaue und gute Mechanismen der Mikroevolution kennen und sie gründlich untersucht haben, so haben wir noch immer nicht die Mechanismen, wie auch viele Evolutionisten zugeben, wie Hunde und Katzen von gemeinsamen Vorfahren abstammen konnten. Zweitens: In der Paläontologie, in der Fossilienkunde, da sagen die Wissenschaftler, die sich wirklich auskennen, daß uns die Fossilien viel über die Variationen erzählen können, aber daß die Fossilien an sich uns auch nicht deutlich machen oder nur zeigen könnten, daß überhaupt diese Entwicklung stattgefunden hat, diese gemeinsame Abstammung von Hunden und Katzen aus gemeinsamen Vorfahren, um bei diesem einen Beispiel zu bleiben.

Auch ich war bis dahin völlig gefangen von dieser Verherrlichung der Wissenschaft und von der Ehrfurcht vor diesen »heiligen Hallen«. Und ich entdeckte zu meinem Entsetzen, ja, ich fühlte mich fast betrogen, obwohl kein echter Betrug vorlag, das ist nur eine Massenverführung, das ist einfach die Mythologie der modernen Zeit. Aber diese Mythologie mußte einen Ursprung haben. Ich habe gedacht, das waren doch vernünftige Wissenschaftler, die sich damit auseinandergesetzt haben. So habe ich mich mit dem Leben Darwins beschäftigt und gesehen, wo die Wurzeln lagen. Ich habe das alles in Büchern ausführlich beschrieben. Ich habe die Wurzel entdeckt in der Zeit der Aufklärung. Der Großvater von Charles Darwin hat schon ein Buch über die Evolution geschrieben, aber das machte nicht viel Eindruck, die Zeit war noch nicht reif. Erstaunlicherweise ist eine wissenschaftliche Theorie nicht interessant, weil das objektiv so ist, die Leute müssen reif gemacht werden für so etwas. Die Aufklärung machte die Leute dafür reif. Die Aufklärung bedeutete nämlich, daß der Mensch endlich lernen müßte, ohne jegliche Autorität auszukommen. Und schon ganz gewiß ohne die Autorität der Kirche, beziehungsweise die Autorität der Bibel.

Charles Lyle schrieb in den 20er Jahren des vergangenen Jahrhunderts ein Buch über die Grundsätze der Geologie. Darin wollte er nur versuchen, die Entstehung der Erdschichten zu erklären, ohne das zu tun, was bis dahin hunderte von Geologen getan hatten, nämlich die Erdschichten zu erklären aus der biblischen Sintflut und ähnlichen Katastrophen. Lyle sagte: »Es ist Schluß mit der Bibel, wir versuchen jetzt mal ohne Katastrophen auszukommen.« Nun, ich gehe jetzt nicht darauf ein. Es geht darum, daß Darwin sein Buch las und so zu seiner eigenen Auffassung kam. Zum Teil haben seine Theologielehrer, ohne es zu wollen, auch dazu beigetragen, indem sie ihm sagten, daß Gott genauso viele Arten geschaffen hatte, wie es sie heute auf der Erde gibt und auch genau dort, wo man heute diese Arten findet. Christen haben auch viel Blödes gemacht in der Geschichte, wir haben auch viel zu der modernen Mythologie beigetragen, da sind nicht nur die anderen schuld. Auch die Pfarrer, die Darwin unterrichtet haben, haben daran schuld. Denn das war natürlich weit über das biblische Zeugnis hinaus.

Und so kam Darwin mit seiner Theorie genau zu der richtigen Zeit. Auch gab es Männer wie Ernst Haeckel in Deutschland, Thomas Huxley in England, er nannte sich selbst »Darwins Bulldogge«, weil er bellend und beißend durch sein Leben ging, bellend und beißend natürlich besonders nach den Theologen, denn es ging grundsätzlich um diesen Kampf. Es ging nicht um eine objektive, unvoreingenommene, neutrale Wissenschaft, die gibt es gar nicht. Darwin schrieb in einer späteren Version seines Buches, daß wir heute als moderne Menschen nicht mehr mit der Lehre der Schöpfung auskommen können. Ach, also das steckte dahinter, natürlich, ganz klar. Man möchte wenn es geht, als moderner, unabhängiger, autonomer Mensch ohne die Lehre der Schöpfung auskommen.

Warum will der Mensch das so gerne, warum? Was macht das aus? Viel! Es ist leichter für einen sündigen Menschen, und ich habe schon gesagt, der Mensch ist grundsätzlich ein Freund Gottes oder ein Feind Gottes, dazwischen gibt es nichts. Nun, der Feind Gottes kann mit dem Gedanken der Schöpfung nicht leben. Dieser Gedanke bedeutet, daß er aus der Hand Gottes hervorgegangen und deshalb diesem Gott gegenüber verantwortlich ist. Es ist leichter zu leben mit dem Gedanken, und der moderne Mensch schafft das, daß man ein veredeltes Tier ist, als daß man aus der Hand Gottes hervorgegangen ist. Natürlich würden viele sagen, die Christen wollen das umgekehrte, die wollen nicht akzeptieren, daß wir nun mal nicht mehr als veredelte Tiere sind, aber geschichtlich ist es nicht so gegangen. Der Gedanke ist erst später aufgekommen. Der autonome Mensch kann es nicht mehr ertragen, ein Geschöpf Gottes zu sein.

Aber als ich diese Mythologie in der Biologie durchschaute, habe ich mal wieder geschaut, was in der Bibel stand. Und in der Bibel, da las ich, daß Gott den

Menschen geschaffen hat, er brauchte gar nicht das Tierreich dafür, um daraus den Menschen hervorgehen zu lassen. Auch wenn Gott das so gewählt hätte, ich hätte nichts dagegen gehabt, was soll ich dagegen haben, wie Gott die Menschen erschaffen wollte. Aber ich entdeckte, daß es wieder möglich war, die Beschreibung einfach ernst zu nehmen, wie Gott den Menschen wirklich hervorgerufen hat. Nicht ein veredeltes Tier, ich bin kein Mensch, dessen Ursprung aus dem Tierreich zu erklären wäre, sondern dessen Ursprünge aus dem Reich Gottes zu erklären sind. Und ich entdeckte etwas ganz, ganz wichtiges: Der Mensch ist nach dem Bilde Gottes geschaffen. Das müssen Sie einen Augenblick auf sich einwirken lassen, nach dem Bilde Gottes geschaffen. Der Mensch ist eine Abbildung auf dieser Erde, eine Abbildung Gottes, kein veredelter Affe, sondern eine Abbildung Gottes.

Sehen Sie, da stoßen zwei Welten aufeinander, zwei einander so entgegengesetzte Weltanschauungen. Deshalb habe ich auch gesagt, daß es nur zwei Grundorientierungen gibt, denn ob man nun politisch liberal oder sozialistisch ist, ob man nun grün oder rot oder weiß ist, alle glauben heute, daß wir veredelte Tiere sind. Und demgegenüber gibt es nur die andere Auffassung, der Mensch als Abbildung Gottes. Was macht das aus, was sind die Konsequenzen? Die Konsequenzen sind diese, daß ich jetzt verstehe, daß der Mensch grundsätzlich hin zu Gott orientiert ist. Jetzt verstehe ich, was ich am Anfang schon sagte, daß der Mensch grundsätzlich ein religiöses Wesen ist. Das ist viel wichtiger, als zu sagen, der Mensch ist ein rationelles Wesen, ein Verstandeswesen, das ist das Höchste, was ja viele sagen.

Wenn ich meine Studenten frage, was den Mensch von den Tieren unterscheidet, dann sagen sie die Antwort des griechischen Philosophen von vor 2 500 Jahren, der Mensch hat Vernunft oder Verstand und Tiere haben das nicht. Ist das das Wichtigste? Und dann versuche ich darüber zu reden, es klar zu machen, es gibt etwas viel Wichtigeres. Man kann darüber streiten, warum sollten Tiere in gewissen Maßen nicht auch Verstand haben, doch das sind nur Ausdrücke. Aber dieses ist das Wichtige, das mich von den Tieren unterscheidet, daß der Mensch über seine Existenz hinausgreift und nach dem Grund seiner Existenz fragt, über sich selbst hinaus und außerhalb sich selbst nach Gott fragt oder das, was er für Gott hält oder das, was er ganz anders benennt. Aber ich nenne es Gott, denn das ist, was er sucht. Denn so hat Gott ihn geschaffen, als einen Menschen, der nicht ohne dieses leben kann, diesen Instinkt, das ist kein gutes Wort, aber ich hoffe, daß ich verstanden werde, diesen inneren Trieb nach Festigkeit, die er in Gott sucht. Das ist der Mensch, das hat er nicht von seinen tierischen Vorfahren mitbekommen, die kennen das nicht. Nur der Mensch kennt das.

Wie kommt es denn, daß nicht alle Menschen diesen Gott finden? Wir lesen, daß der Apostel Paulus in Apostelgeschichte 17 auf dem Areopag in Athen einen heidnischen Dichter zitiert und sagt, daß wir alle auf der Suche nach Gott sind. Und da kann man fragen, warum finden denn nicht alle Menschen Gott, warum hat Gott das so kompliziert gemacht, der Mensch sucht und er findet Gott nicht? Was ist denn los mit den Menschen? Irgend etwas muß doch nicht stimmen, hat Gott nun den Weg zu kompliziert gemacht oder ist etwas anderes nicht in Ordnung? Nun, ich wurde von selbst zu der dritten Wissenschaft getrieben, und das ist die Psychologie. Ich habe in einem Buch darüber geschrieben, was ein bißchen das Ergebnis meiner Studien über die Psychologie wiedergibt.

PSYCHOLOGIE

Warum war ich so an der Psychologie interessiert? Nun, ganz einfach, die Psychologie ist Mensch-Wissenschaft, ja, das ist doch genau das, was ich will, ich möchte etwas vom Menschen verstehen, ich möchte den Menschen ergründen. Und da gibt es in dieser wunderbaren Zeit in der Wissenschaft eine Mensch-Wissenschaft. Es gibt viele Mensch-Wissenschaften, aber es gibt eine ganz besondere. Wenn es eine Wissenschaft gibt, die mir etwas über den Menschen aussagen kann, dann muß es die Psychologie sein. Und da habe ich mich in diese Psychologie vertieft. Aber welch eine Enttäuschung! Erstens, die Geschichte der Psychologie ist ganz klar und übersichtlich, ich kenne keine Wissenschaft, wo man so genau sagen kann, wo sie angefangen hat und wann. 1875 in Leipzig. Eindeutig. Als Wilhelm Wund Professor der Philosophie wurde und dabei verlangte, daß man ihm ein psychologisches Labor baute. Und dann 1879 kam der erste psychologische Student. Da fing die Psychologie an.

Aber ich entdeckte etwas erschütterndes, etwas wirklich enttäuschendes. Wilhelm Wund war durch und durch Darwinist. Aus Amerika kam zu ihm der berühmte Philosoph William James und er ging zurück und baute die Psychologie in Amerika auf an der Harvard-University, durch und durch Darwinist. In Wien ging Sigmund Freud seine eigenen Wege, ganz anders, aber eines hatten alle gemeinsam, durch und durch waren sie Darwinisten. Und in Amerika ging John B. Watson einen ganz anderen Weg, den der Verhaltens-

Psychologie, ein ganz neuer Weg. Aber eines hatten sie alle gemeinsam, sie waren durch und durch Darwinisten. Alle versuchten die psychischen Merkmale des Menschen aus seinen tierischen Ursprüngen zu erklären. Ja, wenn man von einem Mythos her anfängt, dann wird es lange dauern, bis man die Wahrheit entdeckt. Und ich muß sagen, wirklich ganz deutlich sagen, die Psychologen selbst haben eingesehen, daß es so nicht ging.

Und so ging es mit den Biologen auch. Es sind nicht die Auswärtigen gewesen, die gesagt haben, da stimmt etwas nicht, die Biologen selbst haben nach 1980 entdeckt, daß mit dem Neo-Darwinismus etwas nicht stimmte. Es waren immer die Leute selbst. Es gibt ehrliche Leute, auch der größte Feind Gottes hat noch irgendeine gewisse Ehrlichkeit gegenüber sich selbst. So wie der Herr Jesus zeigt, als er mit diesem jungen Mann in Berührung kam, der so gerne auch das Reich Gottes kennenlernen wollte, aber der es nicht schaffte, der keine Änderung erfahren, der seine innerlichen Hindernisse nicht überwinden konnte. Da heißt es in der Schrift, daß der Herr Jesus ihn lieb gewann, weil er aufrichtig und ehrlich war. Es gibt viele ehrliche und aufrichtige Wissenschaftler, ich kenne manche, die ehrlicher sind als manche Christen, die ich kenne. Das sage ich ihnen offen. Ich habe ja nicht vor Christen zu verherrlichen, sondern Christus.

Also sind es die Psychologen selbst, die ganz zögernd und allmählich gelernt haben, daß doch da irgendwie etwas mehr mit dem Menschen los ist, als nur das, was Freud ans Licht gebracht hat. Der sagte, daß der Mensch von ganz unbewußten Kräften und von seinen unbekannten Jugend-Konflikten beherrscht wird. John

B. Watson machte es noch schöner, der Mensch als Roboter, als Maschine, die ganz aus »stimulus respons« zu erklären ist, also wo man auf die Knöpfe drückt; der Mensch, der ganz von mechanischen Mustern zu erklären ist. Was bedeutet das nun, was interessiert sie das? Was hat das mit unserem Thema zu tun? Dieses: Es gibt keinen Mann im 20. Jahrhundert, der so dazu beigetragen hat, daß der moderne Mensch nichts mehr weiß von Schuld und von Verantwortung als dieser Mann: Sigmund Freud. Viele andere haben auch dazu beigetragen, aber er am meisten. Der Mensch hat doch keine Schuld, seine Eltern haben Schuld, die Gesellschaft hat Schuld, seine Jugend-Konflikte sind schuld, die unbewußten Faktoren, die er nicht beherrschen kann, sind schuld, aber er nicht.

Früher, wenn man Schuld hatte, dann ging man zu einem, der Gott kannte, der die Bibel kannte, Evangelist oder Pfarrer wurde er genannt oder Seelsorger. Und diese Person konnte dann solch einer Person den Weg des Heils erklären. Heutzutage braucht man das nicht mehr, heutzutage geht man zu einem Therapeuten. Ich weiß ja von »Theramis«, der Ausdruck ist eingebürgert, ich brauche den Ausdruck nicht zu erklären, aber dahinter steckt ein gewisser Gedankengang. Therapeut bedeutet buchstäblich aus dem griechischen Wort heraus »Heiler«, er heilt. Freud sagt, du hast keine Schuld, du hast nur ein Schuldgefühl, einen Schuldkomplex. Früher brauchte man für diese Schuld Vergebung, heute hast du nur noch einen Schuldkomplex und du brauchst Heilung.

Es ist, wie wenn es klingelt. Diese Woche hatte ich es in meinem Auto. Da fing es plötzlich an zu klingeln. Ich wußte gar nicht, daß der Passat das konnte, aber es klingelte in meinem Passat, weil ich kein Öl mehr hatte. Die deutsche Gründlichkeit hatte dafür gesorgt, daß ich sofort aufmerksam wurde und das Problem rechtzeitig gelöst werden konnte, bevor der Motor kaputt ging. Es klingelte und jetzt sagen manche Leute, es ist etwas mit meinem Auto los. Ja, was ist denn mit meinem Auto los? Es macht Lärm, was soll ich nun machen, ich mache die Klingel kaputt und alles ist gelöst. So macht der moderne Mensch das, er hat Kopfschmerzen und was nimmt er? Er nimmt eine Tablette, er macht die Klingel kaputt. Die Kopfschmerzen weisen natürlich auf gewisse Probleme hin, zu wenig geschlafen oder ich weiß nicht was. Aber wir haben alle gelernt, wenn wir eine Tablette nehmen, dann geht das weg, dann ist das gelöst. Es ist aber nicht gelöst, wir haben nur den Alarm ausgemacht.

Nun, bei Tabletten ist das nicht so schlimm, ich nutze das auch, sonst kann ich manchmal keinen Vortrag halten. Aber wenn wir das auch mit Schuldgefühlen tun, dann ist das etwas anderes. Wir haben jetzt den Therapeuten, ich meine jetzt nicht den guten, gläubigen Therapeuten, sondern ich spreche von solchen, die nur den Alarm abschalten. Die sagen, du hast einen Schuldkomplex, ich heile den schon und sie reden so lange, bis du das Schuldgefühl nicht mehr hast. Doch die Schuld hast du noch. Aber für den modernen Menschen gibt es doch keine Schuld mehr. Warum gibt es keine Schuld mehr? Schuld setzt voraus, daß es jemanden gibt, der dich verantwortlich stellt, der dich zur Verantwortung ruft und der dir sagt, es stimmt etwas nicht mit dir, komm hierher und lege Verantwortung ab, über das was du bist und über das was du getan hast. Das ist Schuld. Heute gibt es nur noch Schuldgefühl.

Nun, ich bin dankbar, daß es christliche Therapeuten gibt, denn es gibt zwei große Probleme in dieser Beziehung. Es gibt solche Therapeuten, die nach dieser modernen mythologischen Psychologie arbeiten. Das ist Mythologie, zu sagen, wir haben nur Schuldkomplexe und weiter ist nichts los, es ist Mythologie, daß wir so naiv reagieren, den Alarm abstellen und damit denken, das Problem gelöst zu haben. Das ist moderne Mythologie, psychologische Mythologie. Nun, viele Christen haben das verstanden, doch die machen den umgekehrten Fehler. Sie sagen von den Psychotherapeuten, die helfen uns nicht, es ist also Unsinn, die brauchen wir nicht und sie sehen dann nicht, daß es echte pathologische Schuldgefühle und Schuldkomplexe gibt. Das übersehen sie, sie gehen ins andere Extrem. Nein, ich freue mich, daß es christliche, daß es gläubige Psychotherapeuten gibt, die echte Schuldgefühle von pathologischen Schuldgefühlen unterscheiden können. Denn wenn wir das nicht tun, wenn wir das nicht können, dann können wir solchen Menschen gar keine Hilfe sein, weil wir das psychologische Problem bei ihnen überhaupt nicht erkennen. Und dann helfen wir ihnen nicht, dann helfen wir ihnen nur in die falsche Richtung. Nein, wir müssen da schon unterscheiden. Aber pathologische Schuldgefühle sind eine Ausnahme, die meisten Menschen, die Schuldgefühle haben, haben sie, weil sie schuldig sind.

Sehen Sie die moderne Mythologie? Es darf keinen Gott mehr geben, der uns verantwortlich stellt, es darf auch keinen Menschen mehr geben, der nach dem Bilde dieses Gottes erschaffen ist, der nach diesem Gott auf der Suche ist. Das ist der religiöse Instinkt, den er in sich hat. Es darf keinen Menschen mehr geben, der sich sehnt, den Grund seiner Existenz, seines Lebens, den Grund dieser ganzen Wirklichkeit kennenzulernen. Der Mensch darf es nicht mehr wissen, daß die Hauptursache dafür, daß er diesen Grund so schwerlich findet, seine Schuld ist. Die Bibel sagt uns in Jesaja 59,2, es sind deine Sünden, die Trennung verursachen zwischen Gott und dir. Das ist der Grund, warum so viele Menschen Mühe haben, Gott zu erreichen. Sie möchten Gott zwar kennenlernen, aber sie möchten sich nicht vor diesem Gott beugen und ihre Schuld nicht zugeben. Sie wollen ihre Schuld nicht kennenlernen. Sie wollen den Kaiser kennenlernen, sind aber nicht bereit, ihn zu grüßen, wie es ihm geziemt, sich vor ihm zu beugen. Sie möchten ihm gern die Hand geben und so als Männer mal miteinander ein bißchen reden, aber das ist von vornherein unmöglich. Man kann nicht mit Gott reden und sagen, ich habe mal von dir gehört, es ist interessant, ich möchte mal deine Bekanntschaft machen.

Ich war vor kurzem bei einem Vortrag, da hat man auch über Gott gesprochen, ich möchte dich mal kennenlernen, wie du bist und so, mal sehen, ob es interessant ist, diese Bekanntschaft zu vertiefen. Aber so geht das nicht. Wir reden ja nicht über den Kaiser, wir reden über den Gott, der alles geschaffen hat, den Himmel und die Erde und alle Menschen, alle Tiere und alle Pflanzen, der Schöpfer des Himmels und der Erde, vor dem man sich nur niederwerfen kann. Aber das ist das Problem des modernen Menschen. Die meisten Menschen, die Christen werden, werden das, wenn sie ganz jung sind. Es gibt Ausnahmen, vor kurzem hörte ich von einem Mann, der war 84 Jahre alt und wurde Christ. Das ist ein Wunder, unglaublich, jede Bekehrung ist ein Wunder, aber wenn ein Mann schon 84 Jahre alt geworden ist und dann sagt, mein ganzes Leben, das war daneben, das ist ein Fehlversuch gewesen, jetzt habe ich mich endlich vor diesem Gott gebeugt, das ist ein besonderes Wunder. Denn je größer der Mensch wird, durch seine Karriere, seine Laufbahn, seinen Beruf, durch den Ruf, den er hat, alles was er aufbaut, umso schwieriger ist es, wieder herunter zu kommen. Je höher man steigt, desto schwieriger ist es herunter, wenn man einmal zwei, drei Titel hat, kann man sich dann noch vor Gott beugen?

Ich bin froh, daß Gott mich bei meinem Kragen gefaßt hat, als ich noch ein ganz kleiner Junge war, sonst weiß ich menschlicherweise gesprochen nicht, ob Gott es noch geschafft hätte. Darf ich das mal so mit Ehrfurcht sagen? Gott schafft es immer, natürlich. Er konnte auch den Paulus, der ein gewaltiger Gelehrter war, mit einem Schlag zur Einsicht bringen. Gott machte ihn blind und dadurch gingen ihm seine Augen auf. Das finde ich so schön bei Gott, drei Tage war er blind und in diesen drei Tagen gingen seine Augen auf und er sah zum ersten Mal. Das ist wunderbar, das ist Gott. Aber die heutige Mythologie hält uns gefangen und stellt den Menschen ganz hoch, als Höhepunkt der Evolution. Zur gleichen Zeit, so wie die Mythologie den Menschen ganz, ganz hoch stellt, stellt sie ihn ganz klein, er ist nur ein Rad in der großen Weltmaschine, er ist nur ein Flocken auf dem Weltenmeer, er ist nur so ein Körnchen im Weltozean, ohne Bedeutung. Die Evolution macht dich zu einem Nichts. Laß dir nichts vormachen! In den Milliarden von Jahren bist du nur so ein kleines Körnchen in der Ewigkeit, ein Nichts.

Ich habe gesagt, das Christentum macht den Menschen klein vor Gott, ja, aber zur gleichen Zeit macht es ihn ganz groß. Freud würde natürlich sagen, darum ist er gerade ein Christ, denn dadurch kann er sich selbst aufrecht erhalten. Das ist das Problem mit solchen Psychologen, die haben natürlich für alles eine Erklärung. In der Wissenschaftslehre sagen wir, eine Theorie, die alles erklärt, erklärt einfach nichts. Freudianismus ist nun typisch eine Theorie, die alles erklären kann, deshalb erklärt sie nichts. Gut, aber einmal davon abgesehen, was Freud von mir sagen würde; das Christentum, die Schrift, die glaubwürdige Bibel sagt mir dieses: Du bist schuldig und das viele Male. Du hast dich schuldig gemacht, du hast in deinem Leben nie nach Gott gefragt, du hast noch nie etwas getan einfach aus Liebe zu Ihm, du hast noch nie etwas getan aus Gehorsam zu Ihm, deshalb bist du schuldig. Ob du das nun annimmst oder nicht, du bist nur ein Geschöpf, ich habe dich gemacht, ich habe ein Anrecht auf dein Leben, du hast dich schuldig gemacht, aber du bist nicht ein Nichts.

Der größte Sünder ist nach dem Bilde Gottes geschaffen, ist kein veredeltes Tier. Gott sagt das nicht zu ihm, Gott sagt zu ihm, du bist für mich wertvoll. Der Glaube macht mich wertvoll, Gott macht mich wertvoll, der Schöpfer sagt von mir, du bist ein Sünder und das Problem müssen wir lösen, damit wirst du fertig werden müssen, aber du bist nicht ein Nichts. Und das sind nicht nur schöne Worte. Wir sagen manchmal auch aus Höflichkeit, ja Sie sind mir ganz wichtig, aber in Wirklichkeit denken wir bei uns selbst, wie kann ich diesen Menschen loswerden. Aber Gott tut das nicht, Gott spricht nicht nur schöne Reden und schöne Sprache, Gott hat es bewiesen.

Wie kann ein Mensch, wie kann überhaupt jemand beweisen, daß er es ernst mit jemandem meint? Das kann man daran abmessen, was er für den anderen übrig hat, das ist ganz einfach. Wieviel Zeit habe ich für den anderen übrig, wieviel Aufmerksamkeit, wieviel Energie, aber auch wieviel Geld, welche Opfer bin ich bereit, für einen anderen Menschen zu bezahlen. Opfer, haben Sie jemals ein Opfer gebracht, darf ich das mal fragen? Vielleicht haben Sie mal irgendwo 100 DM gegeben, 1000 DM vielleicht, aber das fragte ich nicht. Haben Sie mal ein Opfer gebracht? Ein Opfer bedeutet, daß es weh getan hat und den meisten Deutschen tut es nicht weh, wenn sie mal 1000 DM verschenken. Haben Sie mal ein Opfer gebracht, etwas das weh tut, das so weh tut, daß Sie nicht wissen, wie Sie jetzt weiterkommen nach diesem gewaltigen Opfer, das Sie gebracht haben. Opfer? Wer würde denn bereit sein, ein Kind zu opfern für einen Mitmenschen, ein eigenes Kind in den Tod zu geben für einen Mitmenschen?

Das ist ein Opfer, da rede ich nicht mehr über Zeit, über Geld, da rede ich über ein echtes Opfer. Das ist das, was Gott getan hat, das ist jedenfalls das, was die Bibel mir sagt. Gott sagt uns durch die Bibel, daß Er für verlorene Menschen Seinen Sohn in den Tod gegeben hat, damit sie leben würden. Das sagt mir die Bibel, so wertvoll ist der Mensch für Gott. Und jetzt komme ich zu der vierten Wissenschaft, das ist die Theologie.

THEOLOGIE

Wer sich mit der Bibel beschäftigt und das wirklich eingehend tun will, der muß sich auch mit dem beschäftigen, was Menschen schon seit tausenden von Jahren über die Bibel sagen. Man kann ja nicht so leben, als hätte man selbst das Feuer oder das Rad erfunden, man baut ja weiter auf das auf, was andere gesagt haben.

Und so war die Theologie die vierte Wissenschaft in meinem Leben. Und ich habe mich auch mit der Geschichte dieser Theologie beschäftigt. Das ist sehr wichtig, denn viele Menschen, vielleicht fast alle von uns, kommen kaum noch an die Bibel heran. Wenn wir die Bibel lesen, lesen wir die Bibel durch die Brille, die uns in der Erziehung aufgesetzt worden ist, und das ist die Brille einer gewissen Theologie. Einer Laien-Theologie, einer spezialistischen Theologie, einer dummen Theologie, einer hochintelligenten Theologie, aber irgendwie eine Brille. Wer von uns möchte behaupten, er habe gar keine Brille auf der Nase, er komme ganz unvoreingenommen, objektiv an die Bibel heran. Ich habe es schon gesagt, das gibt es auch in der Wissenschaft nicht. Unvoreingenommene, neutrale, objektive Wissenschaft gibt es nicht, und genauso gibt es auch keine unvoreingenommene, neutrale, objektive Betrachtung der Bibel. Bilden wir uns nichts ein, ich kann es nicht und Sie können es auch nicht. Wenn Leute sagen, jetzt haben wir diese Meinung gehört, jetzt wollen wir einfach mal sehen, was die Bibel sagt, das ist gut gemeint, aber der das sagt, hat auch eine Brille auf der Nase, er weiß es nur nicht, er ist schlechter dran als die anderen beiden, die es vielleicht wohl wissen. Man ist schon sehr weit, wenn man weiß, daß man eine Brille auf hat.

Und deshalb ist es so wichtig zu sehen, wo diese Brille herkommt. Was haben wir denn für geistliche Vorfahren gehabt, aus welcher Tradition stammen wir, schaffen wir es noch irgendwie, zu der Bibel selbst hindurchzudringen. Ich frage mich das jeden Tag, schaffe ich das noch, kann ich meine Brille noch so überprüfen, kann ich mich noch da durchgraben, durch diese Schicht, die ich selbst durch die Tradition um die Bibel gewoben habe. Ich weiß es nicht, ich versuche es. Darum habe ich mich mit der Geschichte der Theologie beschäftigt, denn da lerne ich, wie diese Schichten aufgebaut worden sind. Und dann habe ich wieder etwas erschütterndes entdeckt. Die Mythologie! Ich hätte es wissen können aus 2. Timotheus 4, daß die Menschen in der Endzeit die Ohren von der Wahrheit abwenden würden, abkehren würden und sich zu den Fabeln hinwenden würden, zu den Mythen. Ich hätte es erwarten können, aber auch in der Theologie?

Ja, gerade in der Theologie. Jede Irrlehre aus der Kirchengeschichte kam ja aus der Theologie, einfache Leute ersinnen keine Irrlehren, und wenn sie es tun, dann machen sie keinen Eindruck. Irrlehren kommen immer von den Theologen, ein gefährliches Gebiet, aber alle Wissenschaft ist gefährlich. Wenn Sie sich nicht mit gefährlichen Dingen beschäftigen wollen, dann machen Sie am besten überhaupt keine Wissenschaft. Aber wenn wir es doch wollen, wenn wir diese Herausforderung nun akzeptieren wollen, dann seien Sie vorsichtig, denn überall haben wir es mit Mythologie zu tun. Die moderne Theologie, das ist also die Theologie von 99% der Theologen, stammt aus der Aufklärung, stammt aus dem selben Klima, woraus die moderne Biologie, die moderne Philosophie, die moderne Psychologie stammt. Sie stammt aus diesem Denkklima von Menschen, die sagen, wir wollen keine Autorität mehr über uns, wir wollen nur noch die Autorität des modernen Verstandes.

Auch die moderne Theologie hat gelitten unter diesen falschen Auffassungen der neutralen, objektiven, unvoreingenommenen Theologie. Gegenüber der traditionellen Theologie sagen wir, jetzt wollen wir einmal objektiv sein und rein und unvoreingenommen an die Tatsachen herangehen. Und so wurde alles Übernatürliche abgelehnt, denn das ging ja gegen den gesunden Verstand, alles was übernatürlich ist, das geht natürlich nicht mehr. Die Wunder wurden abgelehnt, die Auferstehung kann es nicht geben, Inspiration kann es nicht geben. Der christliche Glaube wurde von den sogenannten Heilstatsachen getrennt.

Seitdem hat es viele Theologen gegeben, die versucht haben, den Schritt zurück zu machen und es ist eigentlich fast nie wieder gelungen. Ich könnte da viele Namen nennen, es hat gewaltige Entwicklungen gegeben. Friedrich Schleiermacher war der erste, der im vergangenen Jahrhundert versuchte, diesen Rückzug zu machen gegenüber der liberalen Theologie, der Aufklärung. Aber Schleiermacher, man könnte fast sagen typisch für das 19. Jahrhundert, hat nur über das religiöse Bewußtsein gesprochen und über das Gefühl, typisch für die Zeit der Romantik. Gegenüber der Verstandesverherrlichung, der Vernunftverherrlichung hat er das Gefühl verherrlicht, aber den Jesus der Bibel hat er uns nicht zurückgegeben. Und die Bibel als das Wort Gottes hat er uns auch nicht zurückgegeben, das schien wohl vorbei zu sein. Man versucht es weiter, es gibt auch Theologen, die uns Jesus zurückgeben wollen.

Christentum ist nicht ein schönes Gefühl. Das ist typisch modern und manche Evangelisten verkündigen das auch so, du hast jetzt Drogen versucht, du hast jetzt Sex versucht, du hast dieses und jenes versucht, hast Popmusik versucht, jetzt mußt du Jesus mal probieren, so wird es gemacht. Suchst du das Glück, du hast es überall gesucht, jetzt mußt du Jesus mal probieren. Und ich bringe dir ein schönes Gefühl bei, du mußt ein schönes Gefühl haben, mit Jesus hast du das. Und manche nehmen Jesus an und denken, daß sie auch ein schönes Gefühl dabei bekommen, aber nach zwei, drei, vier, sechs Jahren versuchen sie doch wieder mal was anderes.

Die Heilstatsachen bedeuten, daß Jesus Christus der Sohn Gottes ist, der in diese Welt gekommen ist, um Sein Leben zu geben für arme Sünder. Und das bedeutet ganz besonders, daß Er auferstanden ist. Man kann sofort die Leute herausfinden, die noch auf der Seite Gottes sind. Glauben Sie noch an die Auferstehung Jesu oder stehen Sie einfach, darf ich mal sagen, auf der Seite der Mythologie? Das wird natürlich spannend, denn heutzutage bekommen wir immer zu hören, daß solche, die noch an die Auferstehung Jesu glauben, an die körperliche, buchstäbliche Auferstehung aus den Toten, daß das gerade solche sind, die noch in der alten Mythologie stecken. Lassen Sie sich nichts vormachen. Ich behaupte, daß es genau umgekehrt ist, es gehört zu der modernen Mythologie, das zu leugnen. Was ist die

Mythologie? Die Mythologie ist das, daß Menschen behaupten, aufgrund der modernen unvoreingenommenen Wissenschaft nicht mehr an die Auferstehung Jesu glauben zu können.

Vielleicht der berühmteste oder bekannteste deutsche Theologe aus dem 20. Jahrhundert war Rudolf Bultmann, und der sagte, ein moderner Mensch, der das Radio – heute würde er sagen, der das Fernsehen einschaltet, der zum Arzt geht, wenn er krank ist usw., solch einem Menschen kann man doch nicht mehr vormachen, daß es eine Welt von Engeln und Dämonen gibt. Man kann ihn doch nicht mehr mit solchen Dingen belästigen wie eine Auferstehung und all das. Ist das der moderne Mensch? Wie kommt es denn, lieber Herr Rudolf Bultmann, wie kommt es denn, daß der Okkultismus z. B. heute mächtiger und stärker ist als je zuvor? Ist das der moderne rationelle Mensch? Wie kommt das denn, daß der Mensch sich so massiv dieser modernen Mythologie übergibt, wie kommt es, daß der moderne Mensch sich so massiv der New-Age-Bewegung übergibt, diese moderne Mythologie aus dem Osten? Ist das der moderne Mensch, der unmöglich noch an die Auferstehung glauben kann, weil die neutrale, objektive Wissenschaft ihm bewiesen hat, daß eine Auferstehung unmöglich ist? Nein, ich werde ihnen sagen, Rudolf Bultmann ist einfach überholt, denn diese Weltanschauung Bultmanns gibt es gar nicht, hat es damals eigentlich nicht gegeben, aber heute umso weniger.

Der moderne Mensch ist höchst irrational, oft solchen Dingen wie Okkultismus ergeben. Erzähle mir nicht, daß solch ein Mensch unmöglich an eine Auferstehung glauben kann. Er glaubt an noch viel, viel Unglaubwürdigeres als das. Es ist die moderne Mythologie. Diese moderne Mythologie wird uns zum Verhängnis werden, wie manche anderen Dinge. Nein, der moderne Mensch ist, etwas überspitzt ausgedrückt, ja gerade der, der diese Mythologie durchschaut und der es versteht, was der Apostel Paulus hier sagt. Wir hören nicht auf solche Menschen. Timotheus sagte er es, es war sein Testament. Wir hören nicht auf solche Menschen. Er sagt im ersten Vers, Jesus Christus, der da richten wird Lebendige und Tote, ich sage es, bezeuge es bei seiner Erscheinung und seinem Reiche. Das alles ist für den modernen Menschen natürlich völlig unverständlich und unakzeptabel.

2. Petrus 3 sagt, daß der moderne Mensch meint, die Wiederkunft Jesu, die gibt es doch gar nicht, das ist altmodisch. Das hat schon 2000 Jahre gedauert, glauben denn die Christen wirklich noch, daß Jesus wiederkommen wird nach 1900 Jahren? Glauben sie das noch immer? Das ist doch undenkbar, daß solche Intervention möglich wäre, in den Weltlauf hinein, ein solches Eingreifen von oben. Und da sagt Petrus ganz nüchtern, solche Leute vergessen, daß das schon einmal passiert ist, nämlich bei der Sintflut. Seit Charles Lyle ist die Sintflut schön aus der Wissenschaft entfernt. Eine Katastrophe? Nein, die Sintflut gibt es nicht mehr. Warum hat man das so gerne gemacht, warum wollte man von der Sintflut nichts wissen? Weil die Sintflut beweist, daß es nicht nur einen Schöpfer gibt, dem gegenüber ich verantwortlich bin, daß es nicht nur die Sünde gibt, wodurch ich diesem Gott tatsächlich schuldig gegenüber stehe, so daß ich Vergebung und Erlösung brauche. Drittens beweist die Sintflut mir auch noch, daß Gott sich auch tatsächlich darum kümmert,

und daß Er den schuldigen Menschen auch tatsächlich für schuldig hält und ihn auch richtet, wenn sich dieser Mensch nicht bekehrt.

Das ist erschütternd, das will der moderne Mensch gar nicht hören. Er will nicht hören, daß er schuldig ist und daß er es auch noch mit einem Richter zu tun hat, der letztendlich diesen schuldigen Menschen nicht für unschuldig halten wird. Das will er gar nicht hören. Was macht er deshalb? Er sucht sich die Psychologen und die Theologen und die Biologen und die Philosophen aus. Es wird eine Zeit sein, da sie die gesunde Lehre nicht ertragen, sondern nach ihren eigenen Lüsten sich selbst Psychologen usw. aufhäufen werden, indem es ihnen in den Ohren kitzelt und sie werden die Ohren von der Wahrheit abkehren zu den Fabeln, den Mythen hinwenden. Wird es vielleicht nicht Zeit für Sie, ein bißchen Vertrauen zu dem Wort Gottes zu haben, zu der glaubwürdigen Bibel? Kein Theologe hat es seit der Aufklärung geschafft, uns die Heilstatsachen Jesu wiederzugeben, es sei denn die paar wenigen Köpfe, die die alte Linie der bibeltreuen Theologie festgehalten haben. Aber die muß man mit einem Laternchen heutzutage in Deutschland suchen.

Denken wir einmal an die körperliche Auferstehung. Wieviele Theologen glauben in Deutschland noch an die körperliche Auferstehung des Herrn Jesus Christus? Wieviele Theologen in Deutschland gibt es noch, die glauben, daß wir es in der Bibel mit dem Wort Gottes zu tun haben, daß es Gott selbst ist, der in diesen Worten direkt zu uns redet. Es ist alles Mythologie und das ist nicht nur in Deutschland so, das ist überall so in der modernen westlichen Welt. Gibt es unter den Lesern vielleicht solche, die sagen, ich versuche es doch mal wieder mit der glaubwürdigen Bibel? Hat Sie das Gelesene angerührt, dann müssen Sie erst die Sache zwischen sich und Gott bereinigen. Dann müssen Sie erst einmal sehen, daß Sie nicht einfach zu Gott hingehen können, wenn Sie nicht das Problem Ihrer Schuld zur Sprache bringen werden und anerkennen wollen, daß Sie vor diesem Gott schuldig dastehen in jeglicher Hinsicht, wenn Sie auch noch so ein anständiger Mensch gewesen sind. Und wenn Sie nicht bereit sind sich so sehr zu demütigen, daß Sie den einzigen Weg akzeptieren, Jesus Christus, dann wird es nichts zwischen Gott und Ihnen. Man muß sich demütigen, man muß sich so klein machen, daß man sagt, ich brauche tatsächlich das einzige Mittel, das Gott gegeben hat, um mich mit Ihm zu versöhnen, so daß ich von einem Feind wieder ein Freund werden kann.

Denken wir einmal an Buße und Glaube an Jesus Christus. Es gibt in Deutschland noch immer, das ist einmalig in der Welt, einen Buß- und Bettag. Aber wieviele Leute da büßen und beten, das fragt keiner, es ist nur ein Urlaubstag. Das ist genau, was Deutschland braucht und jeder Mensch in der westlichen und östlichen Welt, Buße vor Gott. Und das Gebet: O, Gott, sei mir Sünder gnädig. Wer das fertig bringt, und das können Sie durch die Kraft des Heiligen Geistes, sich selbst überwinden und sich klein machen vor Gott. Für solch eine Person geht die Welt auf, da geht das Licht auf, da verschwindet die Mythologie, die die moderne Wissenschaft uns gebracht hat und da sieht man die Wahrheit Gottes. Fehlerhaft und schwach, ich habe die Wahrheit auch nicht gepachtet, aber ich versuche einfach, mich der glaubwürdigen Bibel zu unterwerfen und dem Wort Gottes zu gehorchen.

Ich habe auch nicht über alles die Wahrheit erkannt, ich sehe auch nur fehlerhaft, aber ich sehe wenigstens. Ich hoffe, ich darf das so sagen, weil Gott mein Herz berührt hat mit seinem Heiligen Geist, mit seinem Wort. Das möchte ich ihnen wünschen. Ich hoffe, daß sie über diese Dinge nachsinnen werden und sich dann nicht wieder alles von der Mythologie aus dem Herzen rauben lassen wollen, sondern darüber nachdenken. Ich hoffe, sie werden diese Dinge mit Gott bereinigen und sich vor Gott demütigen. Ich hoffe, sie werden die Bibel lesen und sich zu Herzen nehmen, um darin den großen, wunderbaren, mächtigen Gott zu finden durch seinen Sohn Jesus Christus. Das wünsche ich Ihnen, lassen Sie sich nicht von der Mythologie verführen. Nehmen Sie nicht mein Wort an, sondern versuchen Sie es mal mit der Bibel selbst, lesen Sie dieses Wort und beten Sie ganz einfach in Ihrem Herzen: Gott, öffne mir die Bibel, Dein Wort. Wenn es die Wahrheit ist, zeige es mir, gib mir die Kraft, dieses Wort, diese glaubwürdige Bibel anzunehmen und zum Leitfaden für mein Leben zu machen. Gott möge Ihnen dabei helfen.

CLV

Bildband

W. J. J. Glashouwer

So entstand die Bibel

180 Seiten
vierfarbig
24,80 DM
ISBN 3-89397-324-2

Dieses Buch ist auch als Paperback erhältlich.
224 Seiten
9,80 DM
ISBN 3-89397-203-2

Eine umfassende, mit zahlreichen Fotos versehene Darstellung der Entstehung und Überlieferung der Bibel, ihren Werdegang in wechselnden Zeitläufen, über die Auseinandersetzung mit Fragen der Inspiration und Bibelkritik.

Ein Buch, das auf oft gestellte Fragen Antworten gibt und überzeugende Argumente bringt.

CLV

Taschenbuch

W. J. Ouweneel

Denkanstöße –

Reflexionen über Alltägliches

96 Seiten
3,80 DM
ISBN 3-89397-720-2

Ein ansprechendes und anspruchsvolles evangelistisches Buch, das auf Kurzbeiträge im holländischen Fernsehen zurückgeht. Der Autor berichtet über alltägliche Erlebnisse, aus denen er jedoch überraschende Schlüsse zieht.

dLV Taschenbuch

D. Gooding

Die Bibel –
Mythos oder Wahrheit?

96 Seiten
3,80 DM
ISBN 3-89397-711-2

David Gooding, Professor für alte Sprachen in Belfast, behandelt in diesem Buch Themen, zu denen er vor vielen Akademikern in zahlreichen Ländern Vorträge gehalten hat. Es geht um Fragen wie »Sind die Berichte des Neuen Testaments verläßlich?«, »Ist die Person Jesu eine Erfindung?«, »Jesus Christus: Stellt man sich so einen Helden vor?«, »Was hat das alles mit mir zu tun?« usw. Auch wenn der Autor sich mit diesen Themen an gebildete Menschen wendet und auf ihre Zweifel und Argumente eingeht, so ist dieses Buch trotzdem leicht verständlich und lebendig geschrieben und für jeden nachdenkenden Leser geeignet.

Eine ausgezeichnete Ergänzung der bisher vorliegenden evangelistischen Literatur.